Œuvres

1895

WILFRID DE FONVIELLE

TABLE DES MATIÈRES

BULLETIN DE LA NAVIGATION AERIENNE

Pendant le mois de mai et la première quinzaine de juin, le temps a été tout à fait contraire aux excursions aéronautiques. Le champ libre a été ouvert aux tentatives des empiriques de toute espèce et de toute volée.

Les journaux de Bruxelles ont raconté les mésaventures d'un adepte du plus lourd que l'air, qui devait se lancer dans l'espace et prendre son essor à plusieurs centaines de mètres au-dessus du niveau de la Senne. Mais le ballon qui devait remorquer le nouvel Icare ayant été dérangé par le vent, le décrochement de l'homme-volant, qui aurait eu le sort de Cooking, n'a pu avoir lieu. Les badauds bruxellois ont manifesté leur mécontentement d'une façon bruyante. Celle mésaventure fait involontairement songer à celle de l'horloger autrichien Deghen, qui avait attiré tout Paris au champ de Mars pour lui voir diriger un ballon auquel il était suspendu ; mais, plus prudent que le volant de Bruxelles, il ne devait point quitter terre.

Les journaux de Marseille nous apprennent qu'un aéronaute de cette ville construit un grand ballon pour traverser la Méditerranée. La tentative, quoique accompagnée de certains hasards, n'est point insensée, à condition d'être exécutée avec des moyens suffisants et sérieusement dirigée. Mais les Marseillais viennent récemment d'assister à un accident aérostatique qui n'est point fait pour favoriser de nouvelles tentatives. Un ballon captif s'est échappé, et les passagers ont été faire un plongeon involontaire dans la Méditerranée.

Les journaux d'Amérique nous annoncent le prochain départ d'un aéronaute yankee qui a la prétention de traverser l'Amérique en soixante heures. Heureusement le même journal nous apprend que le grand ballon du professeur Weiss ne se lancera au-dessus de l'Océan que quand l'assemblée de Boston aura fait remettre préalablement à l'aéronaute une somme assez ronde. Il faut donc provisoirement considérer la nouvelle du Herald comme étant elle-même un ballon d'essai.

Nous avons lu dans la Nouvelle Revue de Vienne que le ballon captif de l'Exposition universelle a dû être prêt pour le 15 juin, sans remise ni retard d'aucune socle.

La Nouvelle Presse de Vienne ajoute que le constructeur entrepreneur s'est engagé à livrer le ballon pour cette date, sous peine d'un fort dédit. On n'a sans doute point oublié le beau ballon captif de l'Exposition de 1867, dont M. H. Giffard était le créateur : celui de Vienne sera gonflé au gaz de l'éclairage, il cubera 8 000 mètres cubes ; il n'est certes pas de nature à faire oublier ses devanciers. M. Janssen, le nouveau membre de l'Institut a communiqué à l'Académie des sciences un mémoire sur une ascension exécutée, au mois d'avril dernier, par quelques savants. Le diagramme de la route suivie était affiché sur les murs de la salle des séances. M. Janssen s'en est servi pour ses démonstrations.

L'aérostat ayant rencontré un banc d'aiguilles de glace très-fines, les voyageurs aériens n'ont point été à même de reconnaître si ces aiguilles montaient ou descendaient. Il est à regretter qu'ils n'aient point songé à jeter dans l'espace de petits morceaux de papier, qui auraient, suivant toute probabilité, résolu la question. Or il n'est pas à présumer que les aiguilles de glace puissent descendre plus rapidement que des objets aussi légers. En tout cas, avec de bons baromètres, des aéronautes expérimentés peuvent être quelquefois embarrassés pour maintenir leur ballon horizontal, mais dans l'état actuel de l'art ils ne le sont jamais pour savoir s'ils descendent ou s'ils montent.

COSTE

Coste (Jean-Jacques-Marie-Cyprien-Victor), célèbre naturaliste français, que nous venons de perdre, était originaire du département de l'Hérault. La petite ville de Castries, située au milieu d'un des plus riants cantons des environs de Montpellier l'a vu naître, il y a bientôt 66 ans. Son enfance s'est écoulée dans ce riant et fécond département, véritable jardin de la France méridionale, patrie de Cambon, de Daru, de Cambacérès, de Barthez, de Viennet, de tant d'hommes célèbres dans tous les genres. Dès sa plus tendre enfance, Coste donna les signes de cette riche et puissante organisation, qui lui permit d'acquérir sans travail apparent, par une sorte d'intuition artistique, les connaissances les plus ardues. Les séductions de son heureuse nature méridionale lui valurent au sortir du collège, et pendant qu'il était encore sur les bancs de l'École de médecine, l'amitié de Delpech, le restaurateur de la grande chirurgie dans les départements du Midi.

Ce dernier, qui avait une rare intelligence et un esprit élevé, ne tarda point à apprécier la valeur du concours qu'il pouvait trouver dans cette jeune activité. Il commença par faire de Coste son chef de clinique, puis il l'associa à ses difficiles recherches sur le développement des embryons. On vit deux auteurs, l'un au début de la carrière, l'autre dans tout l'éclat de sa réputation, apporter de Montpellier à l'Académie, au mois de novembre 1831, un Mémoire sur le développement du poulet dans l'œuf. Les auteurs s'étaient mis en mesure de répéter devant l'Académie toutes les expériences qu'ils avaient exécutées dans le fond de leur province. Ils avaient eu l'audace de tenter un véritable tour de force, car ils ne se proposaient rien moins que de présenter en une seule séance des œufs à toutes les périodes de l'incubation. Le succès d'une tentative un peu hors de saison, à une époque où les œufs deviennent rares, ne pouvait être complet. Cependant le rapport de Flourens fut des plus favorables. Ampère loua beaucoup les expérimentateurs d'avoir signalé les analogies remarquables que présentent les phénomènes de l'évolution embryologique pendant les premières périodes, avec les transformations qui s'accomplissent dans les corps inorganiques quand on les soumet à l'action d'un courant voltaïque de longue durée et de faible intensité. C'est à cette époque que M. Becquerel père commençait à publier ces belles recherches, qui ne sont pas encore épuisées, sur l'action de l'électricité dans la production de certaines cristallisations.

Le choléra, qui devait produire tant de ravages, et s'élever en quelque sorte à la hauteur d'un évènement politique, avait envahi l'Angleterre. Le gouvernement de Juillet avait envoyé à Sunderland le célèbre Magendie. Delpech n'hésita pas à prendre volontairement le rôle de commissaire investigateur, accompagné par M. Jules Desfourneaux, qui fit avec générosité les frais de l'expédition, et de son inséparable le docteur Coste, il se rendit en Angleterre pour suivre la piste du mal épouvantable devant lequel chacun fuyait.

Les trois associés furent reçus avec distinction par le prince de Talleyrand, alors ministre de France auprès de la cour de Saint-James, et ils se rendirent sans perdre de temps à Newcastle, alors le foyer de l'épidémie. Après différentes pérégrinations qu'il serait trop long de raconter, les trois Français tombèrent malades à Masselborough, petite ville des environs d'Édimbourg ; on était alors vers le 10 février. Quoique le jeune Coste eût été le plus sérieusement atteint, il parcourut rapidement le reste de l'Écosse pendant que ses deux compagnons se repliaient sur Londres, où le choléra venait d'éclater. Ils arrivaient tous trois à Paris avant le 22 mars, jour funeste où les premiers signes de l'invasion furent constatés. Quand la crise éclata, ils étaient donc sur le champ de bataille, prêts à mettre au service de leurs compatriotes le fruit de l'expérience personnelle qu'ils avaient acquise en pays étranger, au péril de leur vie.

C'est à l'Hôtel-Dieu que le docteur Récamier utilisa leurs avis. Le livre du professeur Delpech, à la rédaction duquel Coste prit une grande part, permet de voir que la maladie avait été très-sûrement diagnostiquée ; on avait nettement reconnu l'existence de la diarrhée prémonitoire, et indiqué pour la combattre l'efficacité des boissons opiacées. Il est vrai, l'on émettait quelques doutes sur l'utilité des cordiaux alcooliques que prônait Magendie, et l'on inclinait pour les saignées, d'après le système rival du docteur Brousseau.

Ces dangers et ces travaux mirent naturellement en évidence le jeune docteur Coste, qui n'eut pas de peine à se faire admettre au Jardin des Plantes en qualité de préparateur des cours d'anatomie. Il assistait à cette étonnante leçon où Cuvier sembla pressentir si nettement la paralysie foudroyante qui vingt-quatre heures plus tard devait le frapper. Il faisait partie du petit nombre d'admirateurs et d'amis qui deux ou trois jours plus tard, reçurent le dernier soupir du législateur de la paléontologie.

Delpech, qui dirigeait un grand établissement d'orthopédie, et qui était en outre professeur à l'Académie de médecine, ne pouvait rester longtemps éloigné du siège ordinaire de ses travaux et du centre de sa clientèle. Il revint donc à Montpellier ; ce fut pour se faire assassiner en plein jour par un fou furieux, son ancien pensionnaire, qui lui tira un coup de fusil par la fenêtre d'un hôtel, et qui se brûla la cervelle avant qu'on eût pu le saisir.

Coste, resté à Paris, continua ses travaux, qui lui valurent la grande médaille d'or de l'Académie des sciences pour l'année 1834. Son maître et ami Delpech lui était associé dans cette belle récompense.

Une note de Dutrochet, rapporteur d'une des commissions qui ont eu à se prononcer sur la valeur des travaux de Coste et Delpech, permet de juger la nature des obstacles que le jeune expérimentateur rencontra et la flexibilité d'esprit dont il dut faire preuve pour parvenir à les vaincre. « Puisque nous sommes amenés à parler ici, dit l'académicien, de notre dernier rapport sur le travail relatif à l'ovologie du lapin, nous croyons devoir présenter une observation que nous ne fîmes point alors. Les travaux de M. Coste furent présentés à l'Académie dans plusieurs communications successives, lesquelles furent toutes renvoyées à la même commission. Les journaux qui rendent un compte habituel des séances de l'Académie donneront au fur et à mesure l'analyse de ces travaux successifs. Or, M. Coste, par notre avis, supprima entièrement son premier travail. Il reconnut qu'il s'était trompé ET IL ACCEPTA LA MANIERE DONT NOUS DEVELOPPIONS LES PHENOMENES QU'IL METTAIT SOUS NOS YEUX. Mais par un sentiment de bienveillance nous crûmes devoir nous abstenir de parler dans notre rapport des parties du travail que M. Coste avait retirées, NOUS EUMES TORD !! » En effet, les journaux, ces maudits, attribuèrent à toutes les parties du travail de M. Coste, l'approbation que Dutrochet n'avait accordée qu'à l'ovologie RECTIFIEE de la Brebis.

Parmi les communications intéressantes de cette période de la vie de Coste, nous devons signaler un examen anatomique des jumeaux de Siam qui, à cette époque, excitaient vivement la curiosité publique. M. Coste pensait alors comme l'on pense aujourd'hui, que la réunion des deux moitiés de cet être complexe, a eu lieu dans les premiers temps de la grossesse de la mère, cependant, à une époque où les deux embryons avaient déjà une individualité formée, quoiqu'ils n'eussent chacun qu'une taille d'un demi-pouce. Il n'y a donc point confusion de viscères, et la séparation chirurgicale aurait toute chance de réussir. Le mémoire qui avait valu à Coste et à Delpech la médaille d'or de l'Académie des sciences fut augmenté des recherches ultérieures du jeune savant, et publié chez Jean-Baptiste Baillière, sous le titre de Recherches sur la génération des mammifères et sur la formation des embryons.

Coste y expose complètement sa grande découverte, qui consiste dans la formation de l'œuf par l'organe femelle, et par sa fécondation à l'aide des produits de l'organe mâle au-devant desquels il semble lui-même se rendre.

Le succès de cet ouvrage détermina la nomination de Coste à la suppléance de de Blainville, dans la chaire d'anatomie comparée au Muséum. Il tint le cours pendant les années 1836 et 1837, avec un succès qui détermina M. Guizot à créer pour l'auteur, désormais célèbre, une chaire d'embryologie comparée au Collège de France.

C'est surtout dans les laboratoires du Collège de France que la réputation de Coste s'épanouit. Son Aquarium devint une des curiosités non seulement du bel établissement de la place Cambrai, mais de Paris même. Une des premières découvertes qu'il y fit obtint un retentissement immense, c'est là qu'il révéla au monde nouveau les mœurs singulières de l'épinoche que ni les pêcheurs ni les poètes n'avaient jamais soupçonnées. Il décrivit ce petit habitant des eaux limpides avec une naïveté et un style émouvant qu'on rencontre rarement dans les Mémoires de l'Académie des sciences.

Les planches qui accompagnent ce charmant travail sont dessinées et coloriées avec soin. Elles montrent toutes les phases de ce drame de la vie intime d'animaux qu'on croyait dépourvus de toute intelligence.

Les poissons réhabilités se montrèrent sous un jour nouveau et vrai ; on s'intéressa, on se passionna même pour les péripéties de cette lutte de l'amour paternel contre des ennemis innombrables. Car l'industrieux mâle ne se borne point à construire son nid avec un art admirable ; il n'a pas seulement le talent d'attirer la femelle inconstante, sous le toit qu'il lui a si laborieusement préparé ! c'est lui qui défend les œufs avec un véritable héroïsme pendant tout le temps de la maturation, et qui agite l'eau autour de ces objets si chers afin d'éviter que des byssus ne s'y développent et ne les empêchent d'éclore.

W. DE FONVIELLE

PERTIE II.COSTE

N° 21 du 25 octobre 1873

C'est au collège de France que M. Coste créa, les appareils de la pisciculture qui, réduite à un petit nombre de préceptes, reçut pour la première fois une forme réellement scientifique. Il imagina ces fameuses étagères à éclosion et ces bassins où l'alevin, nourri d'une façon appropriée à ses appétits, acquiert rapidement assez de développement pour pouvoir être abandonné à lui-même dans des eaux courantes. Il y devina successivement tous les détails des manipulations délicates auxquelles donne lieu la récolte des œufs et de la laitance, et l'opération de la fécondation, variable suivant la constitution physique du frai, des différentes espèces.

Il construisit les premiers aquariums qui, figurant dans toutes les expositions, y répandirent partout le goût de la pisciculture, et, ce qui est encore plus précieux, des habitudes d'observation, si nécessaires au développement de l'intelligence. Étendant ses études sur tous les habitants des eaux, il analysa successivement la génération des huîtres, dont les mystères étaient inconnus, et celle des crustacés, dont les mues n'avaient été analysées que d'une façon imparfaite et insuffisante.

M. Guizot avait pris M. Coste en affection et voyait peut-être en lui un futur ministre de l'instruction publique. Mais la révolution de février éclatant, M. Coste fut appelé en toute hâte au ministère des affaires étrangères pour diriger l'évacuation, et protéger la fuite de la famille du ministre, devenu si justement impopulaire. C'est sous le ministère de M. Dumas que le gouvernement commença à prendre sous sa protection la pisciculture, et la fondation de l'Empire ne fit que mettre entre les mains de M. Coste de nouveaux moyens d'action dont il sut faire, on doit le reconnaître, un excellent usage.

Le gouvernement impérial lui donna les ressources nécessaires à la création de rétablissement de Huningue, destiné à l'empoissonnement d'eaux qui ne sont plus malheureusement françaises. Il favorisa la création de l'aquarium marin de Concarneau, que la Prusse peut vainement essayer d'imiter. Ce bel établissement modèle fut établi par un ancien marin, vieux loup de mer, qui mit au service des idées de M. Coste un enthousiasme dont les jeunes gens sont rarement susceptibles.

Si M. Coste eût voulu s'enrichir, combien il lui eût été facile de le faire ! mais il mourut sinon pauvre, du moins sans laisser aucune fortune. Ce sera la justification de ses amitiés impériales. Jamais il ne fit usage de son influence que pour la science, et il ne demanda de faveur que pour ses collaborateurs. Le gouvernement lui confia une mission pour étudier la pisciculture en Italie, et l'élève du saumon en Écosse, où elle a pris une importance si extraordinaire. Le résultat de ces importantes études fut la publication d'un magnifique volume édité avec luxe à l'Imprimerie impériale, et aujourd'hui épuisé, comme toutes les œuvres de M. Coste. L'auteur y décrit avec une grande vivacité de style cette étonnante fabrique de poisson frit et mariné qui s'est établi à l'embouchure du Pô dans les lagunes de Comacchio. Il raconte également avec une naïveté charmante une visite au lac Pezzaro, où Virgile avait placé le soupirail qui mena Énée aux enfers.

Tant que l'Empire fut prospère, on ne jurait à la cour que par la science de M. Coste. Il était l'intime de Villeneuve-l'Étang, où l'on mangeait grâce à lui de si délicieuses fritures, aux dépens de ses élèves. Mais quand les revers de l'expédition du Mexique eurent ébranlé toute la machine impériale, on agit comme si l'on se repentait d'avoir nommé M. Coste inspecteur de la pêche maritime et fluviale. On prêta l'oreille à toutes les oppositions ; si l'on eût osé, on eût allégé le vaisseau de l'État en jetant à la mer la pisciculture et le pisciculteur. M. Coste avait commis, en effet, bien des crimes ; depuis qu'il s'était occupé des huîtres, le prix de ces coquillages avait augmenté d'une façon fabuleuse. Les poissons jetés sans discernement dans les eaux où ils ne trouvèrent point de plantes aquatiques s'ils étaient herbivores, et de carpes à dévorer s'ils appartenaient aux races carnassières, avaient singulièrement dépéri ; mais les orages de la politique ne tardèrent point à faire oublier ceux de la pisciculture ! Dès 1851, M. Coste (il n'avait encore que 44 ans) fut nommé membre de l'Institut en remplacement de Blainville dont il avait été le suppléant pendant deux ans au Muséum d'histoire naturelle. Comme nous l'avons raconté, il eut pour concurrent M. de Quatrefages, déjà célèbre à cette époque et qui était soutenu par l'influence toute-puissante encore d'Arago.

Pendant sa longue carrière académique, M. Coste prit une part active à plusieurs débats importants, parmi lesquels nous citerons la génération spontanée et le darwinisme. Représentant la grande école française de Cuvier, M. Coste ne crut pas devoir se laisser séduire par aucune de ces doctrines. Mais animé envers tout le monde d'un inaltérable sentiment de bienveillance, M. Coste apporta dans son argumentation une telle réserve qu'il ne semblait jamais attaquer l'homme dont il combattait le plus vivement les opinions.

Lorsque Flourens fut atteint de la maladie terrible à laquelle il devait succomber, c'est par M. Coste qu'il se fit suppléer dans ses fonctions de secrétaire perpétuel. Malgré ses instances, M. Coste ne voulut recevoir aucune partie des émoluments, et il exerça gratuitement ses laborieuses fonctions pendant trois ans qu'il tint le fauteuil, à la place de l'illustre zoologiste. C'est comme suppléant de Flourens que M. Coste prononça l'éloge de Dutrochet, qui, comme nous l'avons vu plus haut, lui avait fait sentir durement sa supériorité. M. Coste ne garda point rancune à son ancien rapporteur et il s'exprima sur son compte en termes noblement émus.

Lorsqu'il s'agit de pourvoir à la succession de Flourens, M. Coste eut pour adversaire M. Dumas, dont le grand talent et la haute influence rendaient la compétition si redoutable. Les partisans de la candidature du grand chimiste auraient triomphé plus difficilement s'ils n'avaient pu invoquer en faveur de leur candidat la faiblesse de la vue de M. Coste, qui ne pouvait que difficilement s'acquitter du dépouillement de la correspondance. Peu de temps après cette lutte honorable pour les deux rivaux, l'Académie, ayant à nommer son président dans la section des sciences physiques, éleva M. Coste à cette haute distinction. Si M. Coste n'avait été retenu hors de Paris par le soin de sa santé lorsque nos désastres se succédèrent avec une rapidité foudroyante, il aurait été chargé de représenter la première Assemblée scientifique du monde devant la Prusse jalouse et la Commune ignorante. Ce fut M. Faye qui le suppléa. Il tint le fauteuil pendant toute l'année terrible que M. Coste passa forcément loin de Paris.

M. Coste ne se releva pas complétement des épreuves qu'il avait subies pendant cette horrible période ; c'est seulement en 1872 qu'il put revenir à Paris, et reprendre de nouveau part aux délibérations de l'Institut. Mais si le corps avait été profondément ébranlé l'esprit était resté intact, l'intelligence avait gardé toute sa vivacité. Il reprit son cours avec une nouvelle ardeur au Collège de France. Son collaborateur, M. Gerbe, mettait ses yeux infatigables et son talent de dessinateur au service des investigations.

M. Coste avait retrouvé son public qui, malgré les malheurs des temps, se pressait autour de sa chaire, presque aussi nombreux qu'autrefois. Jamais il n'avait conçu d'aussi vastes desseins, pour conserver à la France la supériorité que ses travaux lui avaient donnée, dans une science qui marchait de toutes parts à pas de géant. Car les aquariums, dont nous avions pour ainsi dire le monopole, s'étaient multipliés dans les grandes capitales. Les Anglais avaient construit, à Brighton, un magnifique établissement ; l'Association britannique en avait fondé un dans la baie de Naples ; l'aquarium de Berlin devait à nos défaites une réputation croissante. Il fallait réparer la perte d'Huningue. Il était indispensable d'enseigner l'art d'exploiter le littoral, où tant de ressources sont encore délaissées. Il fallait surtout, par des lois et des règlements sages, empêcher la dépopulation de nos côtes, devenues d'autant plus précieuses grâce au développements des voies ferrées. Il n'est pas en effet, aujourd'hui, d'habitant de l'intérieur, qui, plus heureux que Louis XIV, il y a deux siècles, ne soit certain d'avoir régulièrement sa marée.

Jamais la tête du savant n'avait été plus remplie de projets de recherches destinées à couronner l'édifice seulement ébauché de la pisciculture, quand la mort est venue interrompre cette existence si active, si patriotiquement occupée. M. Coste était alors chargé d'une mission pour préparer la réglementation de la pêche de la marine. Il tomba malade dans un délicieux et frais château de Normandie, où le retenait, pour quelques jours, une vive et tendre amitié. Il était déjà dangereusement malade lorsqu'il apprit la mort d'un neveu qu'il avait fait entrer dans la diplomatie depuis de longues années, où une carrière brillante lui était réservée. Entré au service comme simple chancelier de consulat, M. Émile Coste venait d'être nommé consul, au poste important de Carthagène, lorsqu'un mal dont il avait contracté les germes dans les régions tropicales, l'enleva après une douloureuse maladie. Cette catastrophe produisit sur l'esprit de M. Coste l'effet le plus foudroyant. Il s'imagina que son heure dernière était arrivée, et il expira, en effet, quelques jours après, malgré tous les soins dont il était entouré. M. Coste fut enterré dans la retraite où la mort était venue le chercher. Il n'y a point eu, à ses funérailles, de discours académiques, mais ni les larmes, ni les pleurs ne manqueront à sa tombe !

CURIOSITÉS DE LA MÉTÉOROLOGIE LES MIROIRS D'AIR

Les éléments essentiels de la théorie des miroirs d'air ont été découverts, par Monge, dans des circonstances qui méritent d'être rapportées. Les soldats de l'expédition d'Egypte ne tardèrent point à s'apercevoir qu'ils étaient presque tous les jours victimes d'une illusion cruelle ; chaque fois qu'ils poursuivaient l'ennemi dans le désert, ils voyaient apparaître devant eux des nappes d'eau qui semblaient fuir comme pour leur luire subir le supplice de Tantale. Le crédit des savants qui accompagnaient le général Bonaparte eût été singulièrement ébranlé s'ils n'avaient donné une théorie complète d'un phénomène gênant et incessamment renouvelé.

Sommé de répondre, l'inventeur de la géométrie descriptive s'exécuta de bonne grâce. Son explication fut prête lors de l'apparition du premier numéro de la Décade égyptienne, journal scientifique de l'expédition qui dura jusqu'à la capitulation du généra] Menou. Un numéro était sous presse, et son apparition aurait eu lieu à l'époque ordinaire sans cette catastrophe, que les savants voyaient venir, mais à cette époque d'héroïsme la plus triste perspective n'arrêtait point les travaux.

Les Anglais étaient parfaitement au courant des faits et gestes de l'armée d'Egypte, qu'ils faisaient surveiller par leurs espions avec un soin jaloux. Nulle part les numéros de la Décade égyptienne n'étaient lus avec autant de soin qu'à Londres ; aussi, presque immédiatement après la publication du mémoire de Monge, le révérend Vince et le célèbre Wollaston publient de longs mémoires sur les mirages dans les Transactions philosophiques. Les Allemands ne tardèrent point à venir à la rescousse comme les traînards pesamment chargés, arrière-garde d'une armée qui envahit le pays ennemi et qui livre au pillage tout ce qui lui tombe sous la main. C'est donc à nos compatriotes que revient l'honneur d'avoir jeté les bases d'une des théories physiques les plus intéressantes, ainsi que nous espérons être à même de le montrer,

Wollaston eut cependant une idée fort ingénieuse. Il imagina de mettre dans une fiole plate du sirop de sucre, sur lequel il jeta avec précaution de l'eau pure. Une fois cette eau reposée, il la surmonta d'une couche d'alcool. La bouteille contenait donc trois couches, diaphanes toutes trois, mais douées chacune d'un pouvoir réfringent spécial. La surface de séparation de l'eau et du sucre, ainsi que celle de l'eau et de l'alcool, produit alors des effets de réflexion et de réfraction tout à fait analogues à ceux qu'on observe sur les miroirs d'air. Quand on se place convenablement, ou voit apparaître, dans le voisinage de cette surface invisible, deux images, l'une droite et l'autre renversée. On s'en assure à l'aide d'une étiquette que l'on colle sur le verre de l'éprouvette aplatie .

Est—il besoin de faire remarquer que des phénomènes analogues se produisent forcément dans l'atmosphère, quand une couche d'air douée d'un pouvoir réfringent très-faible, vient à se placer au dessous d'une couche plus réfringente ? C'est le cas normal qui se produit dans le désert, lorsque le sable est surmonté par une couche d'air très-chaud. La bouteille plate de Wollaston donne donc un moyen très-simple de répéter les observations faites sur une plaque de tôle fortement échauffée.

Il est facile de voir que, dans l'expérience de Wollaston, les deux couches ne sont point nettement séparées ; car en vertu de la diffusion le sirop monte dans l'eau en même temps que l'alcool y descend. Mais la loi des variations de densités doit être régulière. Sans cela le phénomène ne se produirait point. On verrait des stries, des troubles de vision, des images imparfaites, plus ou moins analogues aux trépidations que produit une flamme on de la vapeur invisible qu'on intercale, en plein jour, entre son œil et un objet éloigné.

Comme nous l'avons dit plus haut, les phénomènes sont quelquefois plus complexes, et la réverbération produite par le miroir d'air peut avoir lieu dans le ciel. C'est le phénomène qui se présente lorsqu'un courant d'air chaud se trouve intercalé entre deux couches d'air froid. Alors les images extraordinaires se montrent aussi bien à la surface supérieure qu'à la surface inférieure de la couche intermédiaire. C'est ainsi que l'on peut expliquer les diverses variétés du mirage qui ont été observées à différentes reprises dans la Manche, et dont les mémoires insérés, en 1799 et en 1800, dans les Transactions philosophiques, donnent de nombreux exemples. Ces miroirs célestes produisent des apparitions d'armée, de villes ou de troupeaux apparaissant dans les nuages. Les cas de suspension aérienne observés à Paris se rapportent au même phénomène. Cette explication a même été indiquée d'une manière grossière par Cardan à propos de l'apparition d'un ange planant au-dessus de la ville de Milan. Il a fait voir que cette figure n'était que l'image d'une statue surmontant un des clochers de la cité.

Dans Lycosthène, Julius Obsequens et autres chroniqueurs, on parle très-souvent de l'apparition d'armées venant se montrer dans les nuages, et qui pouvaient être simplement l'image de combats se livrant à quelque distance. Cependant, il peut également se faire que ces apparitions, simplement fabuleuses, n'aient jamais eu lieu, et que les dits chroniqueurs n'aient fait que duper leurs lecteurs, si eux-mêmes n'avaient point commencé à être, les premières dupes.

Nous n'en finirions pas si nous voulions expliquer toutes les illusions auxquelles les miroirs d'air peuvent donner lien. Mais il est un genre de troubles de la vision dont nous ne pouvons nous empêcher de dire quelques mois. En effet, rien n'oblige, comme on a le tort de le croire, à supposer que ces miroirs soient nécessairement plans. Ils peuvent prendre une forme curviligne dans certaines circonstances particulière du refroidissement ou du réchauffement atmosphérique. Car ce phénomène se produit aussi bien dans un cas que dans l'autre. Ce qui le prouve surabondamment, ce sont les récits du capitaine baleinier Scoresby, dans son Tableau des régions arctiques.

Les mirages sont plus nombreux peut-être sous les pôles que dans l'équateur. La seule différence, c'est que le pouvoir réfringent de la couche perturbatrice, au lieu d'être produit par une augmentation de chaleur, est le résultat d'une contraction extraordinaire produite par le froid. Si on admet que le sable du Sahara produit une action positive, il faudra dire, que les glaces de la banquise produisent une action négative. Mais tous les raisonnements faits pour un cas conviendraient à l'autre en changeant les signes dans le sens qui convient. Si les miroirs d'air sont curvilignes, les images peuvent être déformées et amplifiées comme avec une lentille. On peut, avoir de véritables anamorphoses. Ces miroirs d'air doivent se produire souvent la nuit d'une façon irrégulière, quand il fait froid à terre et que le ciel est serein, ce qui arrive très-fréquemment. En effet, les ascensions aérostatiques prouvent qu'il fait généralement plus chaud à une certaine altitude. Ne serait-ce point par hasard ce mirage imparfait qui produirait le tremblotement ou la scintillation des étoiles et des planètes ? Si les étoiles scintillent presque toujours, même quand les planètes sont tranquilles, c'est sans doute, en admettant l'hypothèse que nous hasardons, que leur lumière traversant un nombre bien plus grand de matières diaphanes ne nous saurait arriver limpide, tranquille et pure. Il n'y aurait rien d'extraordinaire à admettre qu'elle éprouve une réfraction et un trouble particulier, en pénétrant dans notre monde solaire. Quoiqu'il en soit, on peut dire que la théorie physique des mirages est encore à faire, car on a oublié d'observer et l'on s'est borné à disserter à perte de vue sur les courbes qui peuvent le mieux représenter les trajectoires.

Avec un mélange d'eau froide et d'eau chaude, on pourra certainement produire des effets de mirage analogues à ceux qu'on obtient avec différents liquides diaphanes. Il suffirait, je pense, de chauffer l'eau par le haut, afin que les bulles n'en troublent pas la transparence.

Nous ne pouvons terminer cette revue sommaire sans protester contre deux erreurs des physiciens. La première, de beaucoup la moins grave, est de croire que les rayons lumineux suivent forcément une ligne régulière, mais, d'après ce qui précède, on peut

voir qu'ils peuvent suivre une trajectoire quelconque comme le représente par exemple la figure 3, où le rayon lumineux est représenté par la ligne LMNR.

Cette trajectoire n'a rien pour la définir que les lois infiniment variables de la répartition dû la quantité d'humidité et de la quantité de chaleur. La seconde, beaucoup plus grave, c'est de s'imaginer qu'il y a dans les lois de la réfraction une sorte de compensation, telle qu'on n'est pas obligé de tenir compte de l'état hygrométrique de l'air, car, si la vapeur d'eau introduit un pouvoir réfringent plus grand, elle produit, d'autre part, une raréfaction de l'air ; cette chimérique compensation, imaginée par suite d'expériences incomplètes de Biot et d'Arago, est ruinée par les phénomènes de mirage. L'expérience suivante de Wollaston, qu'il est facile du répéter, ne laisse point de prise au plus léger doute.

En faisant évaporer de l'eau sur une plaque de dix pieds de longueur, et en visant un objet éloigné lumineux, on voit un déplacement appréciable : l'image est relevée.

Ces phénomènes se constatent mieux, en faisant évaporer de l'alcool et surtout de l'éther répandus sur une planche ou une plaque de verre de dimension moindre. En augmentant la rapidité de l'évaporation, on s'aperçoit facilement que la déviation augmente. Les images interverties, vues au-dessus de la mer à petite distance, n'ont point d'autre cause. C'est un phénomène analogue à celui qu'on produit artificiellement avec une petite quantité d'éther, et qui dans la nature demande un espace beaucoup plus grand, parce que la différence du pouvoir réfringent de la vapeur d'eau et de l'air est infiniment plus faible que celle de l'air et de l'éther vaporisé.

Nous terminerons en faisant remarquer que bien des fois, dans les opérations géodésiques, on a aperçu des changements dans le résultat des visées pour les points lointains. Nous avons même lu, quelque part, qu'on se proposait de tirer des conclusions météorologiques de ces déplacements des images. Nous serons heureux de voir qu'on donne suite à un projet si utile, non-seulement pour le progrès de la géodésie, mais encore pour celui de la physique elle-même, car les circonstances multiples dans lesquelles se produisent les mirages ne tailleront point à être élucidées.

DEVELOPPEMENT DE LA TÉLÉGRAPHIE ÉLECTRIQUE EN ANGLETERRE

Le post-master général vient de présenter à la Chambre des communes un rapport très-long et très-détaillé, qui permet d'apprécier l'importance des développements dont, la télégraphie est susceptible.

Le nombre des bureaux télégraphiques est de 5 400. Il paraît suffisant pour les besoins d'un pays dont la surface ne dépasse pas le quart de la France, et dont la population n'excède pas 20 millions d'habitants. Mais si le nombre des stations parait avoir à peu près atteint son maximum, il n'en est pas de même des services que les appareils sont appelés à rendre au public. Ainsi le nombre des télégrammes ordinaires, c'est-à-dire transmis par la poste, s'élève à 15 millions, tandis que l'an dernier il n'était que de 12 millions. Actuellement le public consomme 3 télégrammes par 4 habitants, y compris les femmes et les enfants. On voit que chaque bureau transmet en moyenne 2 700 messages, soit 9 par jour de travail, non compris les dimanches et jours fériés.

Le réseau anglais a une longueur de 800 000 kilomètres, ce qui donne une ligne, égale à vingt fois le tour de la terre et deux fois plus grande que la distance de la terre à la lune. Le trajet moyen est de 120 kilomètres par station, chiffre qui tient à la multiplicité des fils employés. Le nombre moyen est d'un peu plus de vingt messages transmis par chaque kilomètre de fil. Il y a, comme on le voit, environ un kilomètre de fil par 25 habitants.

Mais ces nombres ne donneraient qu'une faible idée de l'extension du service télégraphique de l'autre côté du détroit. En effet, la presse politique jouit du bénéfice d'un tarif réduit, et les télégrammes ne sont point compris dans le relevé précédent. En 1872, on a transmis pour elle 28 000 000 de mots, c'est-à-dire six fois plus de matière que le Times n'en a publié. L'année précédente, on n'en avait transmis que 21 000 000. Certains débats parlementaires donnent lieu à une correspondance dont l'activité est bien faite pour nous surprendre, car dans une seule nuit on a transmis 200 000 mots aux différents journaux de province.

Certains journaux et certains particuliers louent des fils à l'année. Ces fils sont utilisés quelquefois pendant la journée pour la télégraphie privée. Le périmètre du réseau en location est de 8 000 kilomètres, donnant lieu à un revenu d'un million. Parmi les fils encore loués nous citerons ceux qui relient la Chambre des communes à l'office du Times, et ceux qui sont loués au Manchester Examiner. On ignore naturellement le nombre des mots ainsi transmis.

Nous citerons encore comme étant une institution tout à fait caractéristique, l'institution d'un bureau télégraphique roulant, qui rend de très-grands services et est quelquefois très-lucratif pour l'administration. L'an dernier, on l'a employé aux manœuvres d'automne, aux régates des universités d'Oxford et de Cambridge, au jeu de cricket, à l'exposition de la Société d'agriculture (club de Smiths-field),etc, etc. Quelquefois même des ligues provisoires sont établies. C'est ce qui a eu lieu pendant la durée d'un congrès d'échecs au Palais de cristal. L'office de cet établissement a été mis en communication provisoire avec Birmingham, Glasgow, Hull et Bristol.

C'est ainsi que le goût de la télégraphie électrique se généralise et pénètre dans toutes les sphères de la société.

Dans le relevé précédent nous n'avons point compris les messages de la télégraphie internationale qui, à cause de la position insulaire de l'Angleterre, sont expédiés par voie sous-marine. Les télégrammes d'Ecosse et d'Irlande, qui ont un service à part, ne figurent pas non plus dans ce tableau.

DONATI

Donati (Jean-Baptiste) est né, en décembre 1826, à Pavie, du docteur Pierre Donati et de Louise Cantini. C'était quelques mois après la mort du célèbre Piazzi, de Palerme, illustre astronome que Donati peut être considéré comme ayant remplacé. Il n'avait encore que 25 ans lorsqu'il fut attaché à l'Observatoire de Florence que dirigeait l'illustre Amici de Modène, célèbre surtout en France, par les perfectionnements qu'il a introduits dans la construction des microscopes, et très-populaire en Italie par les efforts patriotiques qu'il a faits pour naturaliser à Florence la belle industrie de la construction des instruments de précision. Deux ans après, le jeune Donati était nommé astronome adjoint et professeur d'astronomie à l'École supérieure de Florence, et il découvrait la cinquième comète de 1855, dont il envoyait la description à l'Académie des sciences de Paris. À cette époque, ses communications avec cette grande assemblée étaient fréquentes et importantes.

Il venait d'être nommé astronome titulaire lorsqu'il découvrit, en juin 1858, la merveilleuse comète qui devait rester visible jusqu'en janvier 1859, et dont les immenses proportions devaient si vivement frapper le vulgaire. Par un bonheur mérité, dont les hommes supérieurs savent seuls profiter, le nom de Donati devenait tout d'un coup populaire. Cette comète, dont nous retraçons un des aspects, semblait bien faite pour ramener les astronomes aux sages théories d'Hévélius et de Gergonne. Donati se consacra à la décrire et à l'observer avec un soin admirable. Il reçut de l'Académie des sciences de Paris, le prix de la fondation Lalande pour 1859, partagé avec M. Goldsmidth et plusieurs autres observateurs. Peut-être fut-il peu satisfait de n'avoir point été distingué par un prit unique, car depuis cette époque ses rapports avec l'Académie devinrent rares. Il ne les reprit plus que peu de temps avant sa mort. La lettre de remerciements qu'il écrivit à l'Académie fut tardive. Il paraît qu'une première lettre avait été égarée, c'est au moins ainsi que l'on explique son silence. Une circonstance bizarre se produisit à cette époque. Le nom de Donati est estropié dans les tables académiques, on l'écrit Batta-Donati, et on le range sous la lettre B.

Donati, qui appartenait au parti national italien, applaudit aux événements qui s'accomplirent bientôt dans la haute Italie, et aux annexions qui, agrandissant l'œuvre interrompue parle traité de Villafranca, étaient autant d'étapes vers la constitution de l'Italia una. Fin 1864, il succéda à Amici, et le transport à Florence de la capitale de l'Italie vînt accroître considérablement l'importance de l'observatoire dont la direction lui était confiée. Décidément l'astronome semblait né sous une heureuse étoile. Il profita de cette circonstance pour obtenir du gouvernement italien des crédits suffisants et pour mettre son observatoire au niveau des grands établissements astronomiques des capitales de premier rang. Il fut aidé dans cette tâche nouvelle par l'enthousiasme que suscita la célébration du centenaire de Galilée, et par la résolution prise de transporter l'Observatoire de Florence dans les jardins d'Arcetri, où le fondateur de l'astronomie moderne était mort victime de la plus odieuse persécution. L'inauguration solennelle eut lieu en 1872. Donati, qui s'était foulé le pied quelques jours auparavant, ne put y assister. Il fut obligé de faire lire par un de ses amis le discours qu'il devait prononcer.

Malgré tout son génie, Amici n'avait pu parvenir à créer à Florence un centre de fabrication d'instruments de haute optique, digne de lutter avec les grands ateliers de précision de Paris et même de Munich. Son successeur fut plus heureux, grâce au glorieux anniversaire que nous venons de rappeler. Il parvint à faire fabriquer, à Florence, une grande machine parallactique, et un autre appareil du même genre, mais de dimensions moindres, qu'il transporta à Palerme, pour l'observation de l'éclipse de 1870, malheureusement perdue à cause des nuages. C'est encore à Florence, dans l'atelier placé sous l'invocation du grand nom de Galilée, que Donati fit construire un grand spectroscope à 25 prismes, qui fut exposé à Vienne en 1875, et qui devint la cause de sa mort.

En 1866 Donati publia un mémoire posthume de Massotti, sur la détermination des orbites à l'aide de trois observations. Il possédait si bien cette théorie qu'il se vantait de pouvoir calculer l'orbite d'une comète en moins de trois jours de travail.

Dès que les méthodes de l'analyse spectrale furent connues, Donati songea à les appliquer à l'étude de la constitution physique des astres. Le mémoire qui lui assure l'honneur d'avoir inventé cette nouvelle branche si féconde d'astronomie physique a paru dans le Nuovo Cimento, en 1860.

Ces idées nouvelles mirent quelque temps à se développer. Quand elles eurent pris tout leur épanouissement, Donati songea à donner à ces études une organisation sérieuse. Il fut un des promoteurs de l'association des spectroscopistes italiens. Entraîné dans cette voie féconde il conçut le projet d'une autre science nouvelle, à laquelle il donna le nom de météorologie cosmique. L'idée même repose sur cette idée que toutes les influences qui agissent sur l'état du temps, n'ont point leur origine dans notre atmosphère, mais qu'il y en a un grand nombre qui dépendent manifestement de l'état du soleil. M. Donati est arrivé à cette conception fondamentale par suite de l'observation de l'aurore boréale des 4 et 5 février 1872, qui s'est montrée dans tous les pays civilisés et partout à peu près à la même heure locale, comme si elle avait la même tendance à se propager que l'heure elle-même. En effet, ce fait mémorable étant constaté, on en doit conclure que les manifestations électriques ou magnétiques qui l'ont accompagnée ne pouvaient provenir d'un phénomène spécial à la terre, mais de quelque modification dont le pouvoir thermique ou magnétique du soleil était soudainement l'objet. Ces conceptions grandioses ont été développées dans un mémoire adressé à l'Académie des sciences de Paris, et inséré dans le n° du 25 mars 1872, et dans le dernier de ses écrits qui se trouve dans la 1re livraison du tome Ier des Annales de l'Observatoire d'Arcetri ; cette publication commença en 1873, un an seulement après l'inauguration de ce bel établissement.

Qui pouvait croire que l'astronome, si plein de vie, de santé, de projets, allait être enlevé si rapidement à la science, et que son mémoire des Annales de l'observatoire allait être son œuvre testamentaire.

C'est à Vienne qu'il reçut le germe fatal de l'épidémie cholérique. Parti malade, il fut atteint en route de la diarrhée prœmonitoire. Arrivée à Bologne, il visita l'Observatoire, et passa la journée avec quelques amis, au lieu de se soigner comme l'indiquait la prudence. C'est avec peine qu'il gagna Florence. Un médecin appelé en toute hâte ne put arrêter les progrès du mal, qui avait pris des développements effrayants. Il expira le 12 septembre, après quelques heures de souffrance. La questure le fit enterrer secrètement, remettant, par motif de prudence, à plus tard la cérémonie funèbre. Les personnes qui l'avaient soigné, dans sa courte maladie, furent soumises à une quarantaine rigoureuse. La plupart des détails biographiques que nous avons donnés sont dus à M. Dominique Cipoletti, son suppléant à l'Observatoire de Florence. La modestie de Donati était si grande, que, sans les patriotiques efforts de ce savant, on ignorerait certainement la grandeur de la perte que les sciences astronomiques viennent de faire.

LA MÉTÉOROLOGIE COSMIQUE

Tel est, comme nous l'avons dit dans notre article nécrologique sur Jean-Baptiste Donati, le nom du la science nouvelle que l'immortel directeur de l'Observatoire d'Arcetri a créée, quelques mois avant d'être enlevé par une terrible épidémie. Cette science naissante a été révélée par la grande aurore boréale que Donati a fait observer par tous les agents diplomatiques du royaume italien.

Devenus les bases et les fondements d'une science si importante, ces beaux et grandioses phénomènes acquièrent une importance toute nouvelle, on peut dire exceptionnelle ; aucune des circonstances qui les concernent ne doit dorénavant être négligée, quoiqu'il soit difficile de tout dire à leur endroit. Pour convaincre nos lecteurs de la richesse inépuisable de ces variétés, dont on ignore la cause, nous avons pris, en quelque sorte au hasard, deux dessins. Voisins l'un de l'autre, rapprochés par le hasard, ils montreront mieux l'un et l'autre que de merveilles à décrire, que d'explications à découvrir.

Notre première aurore, observée en France au mois de septembre 1731, a été dessinée par Mairon dans son bel ouvrage. C'est une des apparitions qui ont pu porter certains physiciens à s'imaginer que les aurores boréales étaient des queues de comète ! La seconde, est beaucoup plus moderne. Elle fut observée par des Américains dans l'ancienne Amérique russe, aujourd'hui territoire d'Alaska, le 27 décembre 1865. On dirait un ruban lumineux formé par les replis d'un rideau de cirrhus qui vient du zénith et descend jusqu'à l'horizon. Le spectacle fait involontairement songer à l'échelle mystérieuse que, suivant la légende, le patriarche aurait vue en rêve.

Il est probable que l'extrême bizarrerie de ces apparences tient à quelque circonstance, dont on trouvera l'explication simple quand on aura fait un pas plus avant, mais sur lesquelles nous devons réserver notre opinion tout entière.

Donati s'est borné, comme nous l'avons dit dans sa notice, nécrologique, a établir rigoureusement le synchronisme relatif à chaque méridien successif. En d'autres termes, si toutes les heures étaient comptées d'après un même méridien universel, on verrait que l'aurore a fait le tour du monde, en marchant juste aussi vite que le mouvement apparent du soleil. Cette belle et grande loi, aussi simple que les plus lumineuses énoncées par le grand Keppler, prouve surabondamment que la cause des aurores gît dans le soleil lui-même. Cette vue si nette vient confirmer les longs et magnifiques travaux de M. Brown, l'astronome de, Trevandum, qui a exposé des lois expérimentales non moins logiques, non moins surprenantes, et cela sans connaître les travaux de Donati, qui n'étaient point alors parvenus dans l'Inde. M. Brown a remarqué que les aurores boréales ont une périodicité de 26 jours, c'est-à-dire qui semble réglée sur le mouvement de rotation du soleil autour de son axe. Rien de plus naturel, si on admet la théorie de l'incomparable Hansteen qui veut que le soleil soit le siège de puissants courants électriques, en un mot, que ce soit un immense solénoïde tels que ceux qu'Ampère et Arago nous ont appris à construire. En effet, il n'est point admissible que la surface du soleil soit homogène, d'où il résulte que l'action magnétique des divers méridiens solaires qui se déplacent sans relâche doit varier incessamment ; mais tous les 26 jours les divers méridiens solaires reprennent la même position relative à nous, d'où résulte que tous les 26 jours les mêmes méridiens ont repris leur même position, et que, par conséquent, l'action magnétisante du soleil doit offrir cette période.

En comparant les mouvements de la pression barométrique en Écosse et en Tasmanie, M. Brown a constaté que les variations sont simultanées dans ces deux stations dont la latitude magnétique est la même, et qui sont situées l'une dans l'hémisphère austral, l'autre dans l'hémisphère boréal. Cette simultanéité rappelle évidemment celle qui a été constatée dans l'apparition des aurores dans les deux hémisphères. Mais ce n'est pas tout, car ces deux variations sont périodiques et leur période est également de 20 jours. D'où résulte l'idée hardie que les variations de la pression barométrique sont dues à des variations de l'action magnétique du soleil et indépendantes de la gravitation. Cette idée renverserait de fond en comble plusieurs théories admises par certains physiciens. Non-seulement les aurores seraient un signal que le temps a changé, mais on comprend qu'elles doivent être inséparables de ce changement de temps, puisqu'elles dérivent, elles aussi, de l'électricité du soleil.

M. Brown n'a point jeté en l'air cette conception à l'état brut, sans l'étayer de nombreuses observations et de sérieux corollaires. Pendant le cours de l'année 1869, il a établi dans les montagnes du sud de l'Inde neuf stations, pour déterminer la valeur de la variation barométrique, et il a étudié une période distincte de la précédente, dont l'existence est constatée pour toute la terre, et que l'on nomme diurne ou plutôt semi-diurne.

Le tableau de ces nombreuses observations prouve que l'amplitude varie proportionnellement à la valeur absolue de la pression, c'est-à-dire plus grande dans le voisinage des plaines que sur les sommets escarpés. D'où il n'est pas difficile de déduire qu'il faut que la pression même soit produite par une force extérieure, telle que le serait une action électrique émanée du soleil.

Chemin faisant, M. Brown attaque, dans ses Mémoires (voir les comptes rendus 1872-1873), des préjugés mis en avant par des météorologistes qui n'ont point observé la nature et que l'on trouve énoncés dans tous les traités de physique : 1° La vapeur à l'état vésiculaire est un mythe ; car M. Brown a longuement observé au télescope de la vapeur d'eau et s'est convaincu que le globule est plein. 2° Il a observé que le phénomène de l'évaporation, même dans les plaines les plus chaudes de l'Inde, ne produit aucun mouvement latéral, malgré l'énorme quantité d'eau qui se rend ainsi dans les nuages. Il en résulte, que tout le mécanisme de la circulation atmosphérique et océanique, dont on a fait tant de bruit, paraît loin d'avoir dans la nature la même importance que dans la science contemporaine. 3° Il a observé que la direction des nuages est tout à fait indépendante des variations de la pression barométrique. Ce fait saillant résulte de très-longues et très-nombreuses observations faites en Écosse, avec un grand soin et dans lesquelles on tenait compte de la direction relative do toutes les couches.

Suivant M. Brown le moteur de tous ces mouvements atmosphériques ne peut être que l'électricité solaire. Nous reviendrons avec plus de détails sur tous ces faits que nous ne pouvons qu'indiquer d'une façon sommaire. Mais n'est-ce point une coïncidence digne d'être signalée, que de voir le témoignage de Brown confirmé par Donati mourant, et Donati donner raison, par des voies nouvelles, à l'incomparable Hansteen, ce génie si peu compris et cependant qui rayonne de si vives lumières, qui ne l'a précédé que de quelques mois dans la tombe. Dans notre dernière revue de météorologie nous avons critiqué, avec quelque violence, des opinions du Père Denza, qui nous paraissaient erronées. Mais nous serions désespérés qu'on vit dans notre polémique une attaque contre le talent de cet observateur qui nous paraît digne de continuer la tâche de Donati, car il a déjà organisé, aux frais du gouvernement italien, les observations électriques dans sept observatoires météorologiques, parmi lesquels nous citerons Moncalieri et le grand Saint-Bernard, dont la grande élévation rend les indications si précieuses. C'est le célèbre Palmieri, de l'Observatoire vésuvien, qui est l'inventeur des instruments en usage dans ces nouvelles stations. Nul doute que la météorologie cosmique, entre des mains pareilles, ne fasse des pas de géant, et qu'on ne puisse dire bientôt d'elle :

Mes pareils à deux fois ne se font pas connaître,

Et pour leurs coups d'essai veulent des coups de maître.

WILFRID DE FONVIELLE

LA MÉTÉOROLOGIE DU MOIS DE MAI 1873

N° 3 du 21 juin 1873

Nous ne nous bornerons point, dans notre Bulletin météorologique, à résumer les indications recueillies dans les différents observatoires, mais nous essayerons de rechercher les causes prochaines des grandes inégalités que nous serons incontestablement appelés à discerner dans les allures des saisons.

Très-rarement la fin d'avril et le commencement de mai se passent sans que l'on ait à subir un refroidissement très-sensible qu'on explique par la présence d'un essaim d'étoiles filantes alors en conjonction inférieure avec le soleil. Venant s'intercaler entre nous et l'astre qui nous éclaire, ces légions de mondes microscopiques se chauffent chaque année à nos dépens.

Ce groupe gênant, qui est cause de la mauvaise réputation de la lune rousse, paraît avoir été cette année plus abondant que d'ordinaire, car rarement la chaleur du soleil a été si notablement diminuée.

Quoique la direction générale des vents fût au sud, pendant la première décade, la température moyenne est tombée au-dessous de ce qu'elle est communément à pareille époque de l'année.

On peut en conclure que les étoiles filantes de novembre, produites par la conjonction supérieure d'une autre partie du groupe, seront peu abondantes et que l'été de la Saint-Martin, produit par leur passage, sera peu développé.

Quoi qu'il en soit, l'essaim étant passé, la température a pris une tendance marquée à l'élévation, mise en évidence par les courbes que nous avons tracées, tant de la température du jour que de celle de la nuit, mais les vents se mettant au sud ont déprimé la colonne thermométrique, tant de jour que de nuit, et l'ont fait descendre vers zéro, comme l'on peut s'en assurer.

Cette crise tardive ne pouvait être véritablement dangereuse pour la végétation, surtout cette année, où elle est remarquablement développée ; mais elle est digne d'attirer notre attention au plus haut degré. La cause de ce mouvement de recul n'est point connue avec précision. Il ne serait point extraordinaire qu'il fut dû à l'abondance des glaces polaires, manifestée par la facilité avec laquelle 29 personnes de l'équipage du Boralis ont décrit un arc de 29° de latitude, à la surface des océans parsemés de banquises gigantesques. S'il en était ainsi, ce refroidissement local serait un symptôme d'un été torride venant donner aux plantes une vigoureuse impulsion.

Nous verrons bientôt si cette conséquence d'une vue théorique se trouve ou non vérifiée.

La fin du mois de mai a coïncidé avec une période de luttes entre le courant polaire et le courant équatorial qui semble devoir triompher prochainement. Des tempêtes assez violentes ont éclaté sans que la paix ait été rétablie. Au commencement de juin, nous avons vu se former quelques orages de foudre assez violents et qu'on ne pouvait attribuer à des circonstances locales, car la chaleur de l'air n'était point assez grande pour que l'on sentît le bien-être accompagnant ordinairement l'arrivée des orages à la fin du printemps et surtout dans le cours de l'été.

W. DE FONVIELLE

LA MÉTÉOROLOGIE DU MOIS DE JUIN 1873

N° 7 du 19 juillet 1873

Dans les contrées de l'Afrique centrale que sir Samuel et lady Baker viennent, paraît-il, d'ouvrir d'une façon définitive à la civilisation européenne, les nègres s'imaginent que leurs chefs ont le pouvoir de donner de la pluie à la terre.

Quand les sécheresses se prolongent, ces sauvages se vengent de l'inclémence du ciel en mettant leurs princes à mort.

Pour bien faire comprendre l'embarras dans lequel doivent se trouver ces sorciers, comme du reste tous les prophètes du temps, nous avons mis sous les yeux de nos lecteurs deux courbes destinées à bien mettre en évidence les irrégularités dont les saisons sont susceptibles en un petit nombre d'années.

On voit que la maximum de température a varié, en une trentaine de jours, de 9 degrés ; s'élevant une fois jusqu'à 36°, et descendant une fois jusqu'à 28°.

L'époque à laquelle ce maximum a été constaté n'a pas offert de moins grandes irrégularités, car il a été observé une fois, au commencement de juin, et une autre fois à la fin d'août.

Trois mois et près de dix degrés, voilà de prodigieuses différences qui ne sont cependant que de simples épisodes dans notre histoire météorologique.

Cette année paraît devoir être féconde en orages d'un caractère tout particulier. Car rarement nous avons vu un phénomène plus majestueux que les deux orages observés à Paris, pendant la nuit, l'un vers le commencement, et l'autre vers la fin du mois dernier. Les coups de foudre éclataient avec une étonnante régularité, et les roulements du tonnerre se prolongeaient avec une sorte d'harmonie étrange.

C'est probablement la constitution orageuse du temps qui limite la quantité de chaleur, car le soleil est si ardent qu'il a suffi, en juin, d'un jour de beau temps pour arriver de prime saut à 32° de maximum.

C'est sur le versant autrichien et bavarois des Alpes que les grands orages ont éclaté. Leur apparition a été accompagnée, comme on le sait, d'un violent tremblement de terre. N'est-il pas permis de se demander s'il n'existe point de rapport entre les convulsions souterraines et l'arrivée inopinée des trombes se déchaînant avec une violence inouï et une rapidité fantastique ? Suivant les journaux allemands, la trombe de Troppau n'aurait pas mis une minute à éclater. Après une secousse aérienne comparable à une commotion de tremblement de terre, le soleil brillait de nouveau d'une façon admirable. Sans les ruines dont on était environné, les toits enlevés, les arbres brisés en spirale, on pouvait croire qu'il ne s'était rien passé que de très-ordinaire.

La tempête qui a éclaté à Vienne dans la même journée restera également célèbre dans les annales de la météorologie.

W. DE FONVIELLE

LA MÉTÉOROLOGIE DU MOIS DE JUILLET 1873

N° 11 du 16 août 1873

Quoique le thermomètre se soit élevé à deux reprises différentes jusqu'à 32° au-dessus de zéro, et que nous ayons traversé quelques journées véritablement étouffantes et quelques nuits qui ne l'étaient guère moins, c'est surtout par l'abondance des orages et la fréquence des coups de foudre que cet été est véritablement remarquable.

L'orage le plus violent est sans contredit celui qui a éclaté dans la journée du 26, à deux reprises différentes. La première secousse orageuse a eu lieu un peu après midi. Elle a été suivie, comme il arrive ordinairement, d'une pluie torrentielle ; mais il n'en a point été de même de l'orage qui a éclaté vers six heures. A peine si quelques gouttes d'eau sont tombées, ce qui explique parfaitement, comme nous l'avons déjà fait remarquer, la violence des coups de foudre.

L'arbre foudroyé que nous avons représenté est un acacia qui se trouve dans le jardin du Luxembourg, au milieu d'une petite prairie, près de la rue

Vavin. Il est très-probable que la victime ne périra point malgré les nombreuses cicatrices qu'elle porte, car il en est des arbres comme des hommes et des animaux ; les blessures faites par la foudre sont celles dont on se guérit le plus facilement. Il y a de la ressource toutes les fois que l'être n'est pas tué sur le coup. Les branches ont à peine été touchées, ce qui n'a rien d'étonnant, car elles étaient encore couvertes d'humidité et par conséquent très-conductrices. Les portions de l'écorce qui ont été déchirées sont surtout celles qui se trouvaient desséchées, et qui n'avaient point été exposées à l'averse violente du matin, c'est principalement dans les parties les moins conductrices dans les lacunes ou dans les quasi-lacunes que l'effet destructeur du fluide s'est fait plus vivement sentir.

C'est pour bien faire comprendre cet effet que nous avons donné le dessin ci-dessus, qui, sans cette circonstance, n'offrirait nul intérêt. Il ne serait peut-être pas impossible de retrouver, dans ce coup de foudre, l'influence d'objets de fer situés dans le voisinage. En effet l'acacia du Luxembourg se trouvait à faible distance des grilles qui ferment le jardin et des échalas en fer qui soutiennent les espaliers de l'école pratique d'arboriculture, mais les orages de cette période nous offrent des exemples bien plus saillants. Un bourgeois d'Aix-les-Bains qui se promenait avec sa femme, n'a point été touché par la foudre, qui a tué cette malheureuse à ses côtés. On a constaté, comme d'ordinaire, que les boucles d'oreilles et autres bijoux, avaient été le point de départ de décharges intenses, et que la victime portait sous sa robe des cerceaux d'acier. Cet événement tragique a eu lieu le 27 juillet.

Les journaux d'Alsace rapportent qu'un violent orage a éclaté au-dessus de Metzingheim, petite commune de ce pays où existe une filature qui a été fulgurée. La foudre a frappé 26 fois consécutives les bâtiments qui ont été incendiés. Comment expliquer ce fait, fort rare du reste dans les annales de la météorologie, si ce n'est par un concours de circonstances exceptionnelles permettant à la foudre d'exercer ses affinités avec toute leur terrible énergie. Il est plus que probable que cette usine renfermait de grandes masses de fer qui auront déterminé la forme de la trajectoire du fluide.

Toutefois il est bon de noter qu'il ne suffit jamais d'une circonstance unique quelque énergique qu'elle puisse être pour entraîner une fulguration. La chute de la foudre est toujours le résultat de l'accumulation fortuite d'une série de causes dont l'analyse est toujours délicate et difficile, quelquefois indéchiffrable. Une étude systématique de tous les coups de foudre serait indispensable, mais elle est au-dessus des forces d'un physicien isolé. Les bureaux météorologiques pourraient seuls l'entreprendre avec quelques succès.

M. Leverrier vient d'adresser aux chambres de commerce, une circulaire pour leur demander si elles verraient avantage à recevoir, vingt-quatre ou quarante-huit heures à l'avance, l'annonce du temps probable.

Il est facile de prévoir ce que sera la réponse à la question posée par le savant académicien. Mais nous croyons que les sociétés d'agriculture ne seraient pas moins empressées à répondre favorablement, si on demandait leur avis sur l'opportunité d'étudier les coups de foudre et les phénomènes qui s'y rattachent plus ou moins directement.

LES EXPÉDITIONS ALLEMANDES ET LA CONQUETE DU POLE NORD

En 1865, la Société géographique de Londres voulut prouver qu'elles ne renonçait pas à ses glorieuses traditions. On y agita sérieusement la question de reprendre les travaux fatalement interrompus par la mort du capitaine Franklin, et de suivre les traces de son expédition dans l'Archipel polaire, situé au nord-ouest de la mer de Baffin. Le géographe Peterman, éditeur des Mitheilungen, se prononça contre le choix de cette voie. Son opinion, à laquelle les géographes anglais attribuaient malheureusement un grand poids, suffit pour paralyser les efforts des hommes intelligents qui voulaient tenter un grand effort, et d'intrépides marins qui s'offraient pour s'exposer volontairement à des dangers de tout genre. Les scrupules que le Strabon de Gotha est parvenu à faire naître n'ont point encore disparu, et tous les efforts des sociétés savantes d'Angleterre ne peuvent arracher au gouvernement de M. Gladstone la promesse d'un subside en argent et en navires. Malheureusement pour la science universelle, la Grande-Bretagne est administrée par des hommes économes de ses trésors et qui ne sont prodigues que de sa gloire !

Mais les Américains Hayes et Kane avaient fait de trop belles découvertes au nord-ouest du Groenland pour que les sophismes germaniques aient pu faire perdre de vue cette direction si féconde en triomphes. Aussi, dès le mois de juin 1871, le généreux Grinnel remettait au capitaine Hall le drapeau qui a servi à Hayes, et le Boralis partait de New-York pour la glorieuse croisière dont l'issue préoccupe aujourd'hui tous les amis de la conquête du pôle.

Après avoir réussi à paralyser l'effort des entreprises britanniques, le docteur Peterman se préoccupa du soin d'organiser au profit de sa nation et de sa gloire personnelle une expédition dont il prendrait la direction exclusive. Enflammé par le succès facile qu'il obtint en s'appropriant une idée conçue et pratiquée par l'intrépide baleinier anglais Scoresby, le directeur des Mitheilungen ouvrit une souscription nationale pour atteindre la fameuse Mer libre du pôle, en passant par la mer qui sépare le Spitzberg du Groenland, et en suivant les côtes orientales de ce continent glacé. Il y a quelques années, nous étions presque seul à mettre en doute l'existence d'un océan Arctique que personne n'a vu, mais dont les calculs du baron Plana annonçaient l'existence d'une façon considérée comme infaillible. Depuis lors, les doutes sont venus, et l'existence de la Mer libre du pôle n'a plus autant d'adhérents, même en Allemagne, où la renommée du docteur Peterman entretient le zèle scientifique en sa faveur[1]. Nous nous trompons fort si le résultat des expéditions, actuellement bloquées par les glaces, n'aboutit point à un Sedan scientifique, dont la victime serait un savant allemand.

C'est peut-être la première fois qu'un géographe a conçu l'idée de guider du fond de son cabinet des explorateurs chargés d'une tâche si ardue, si périlleuse. C'est aussi la première fois que des navigateurs ont consenti à suivre servilement les ordres donnés par un savant podagre qui ne quittait point le coin de son feu.

Le résultat de ces efforts burlesques n'a point été de nature à justifier cette manière de procéder, si contraire à toutes les règles de la logique.

Les Allemands ont éprouvé deux échecs successifs, qu'ils ne parviendront point à transformer en victoire, quelle que soit la complaisance de leurs panégyristes de profession, dont malheureusement un certain nombre occupent une place dans le journalisme scientifique français.

Deux expéditions, commandées par le capitaine Kolderney, qui ont quitté successivement le port de Brême, en 1868 et en 1869, ont donné l'une et l'autre la mesure de l'incapacité des marins allemands.

Pour dissimuler l'insuccès de la première tentative, on a prétendu qu'elle n'était qu'une simple reconnaissance destinée à préparer les voies à la vraie expédition. Cette dernière était richement pourvue de provisions de toute espèce et d'instruments de toutes sorte. Son personnel scientifique comprenait M. Payer, de l'état-major autrichien, lieutenant, chargé de la géologie, M. Borgen, professeur de physique, M. Copeland, astronome, M. le docteur Paulsch, etc., embarqués à bord de la Germania.

La Hansa, qui partit un peu plus tard, portait un renfort de vivres, de charbon et de savants. Il y avait à bord de ce navire un zoologiste et un botaniste. Mais l'équipage manquait de cette agilité, de cette promptitude de coup d'œil que la nature a si complétement refusé aux Allemands. Le navire ne put même pas atteindre la côte orientale du Groenland. La Germania, privée de son complément de vivres, hiverna très-difficilement à l'île Sabine, ainsi nommée parce qu'il y a un demi-siècle le major général Sabine y exécuta ses magnifiques observations pendulaires.

Pour tromper les ennuis d'un long hiver, les marins de la Germania firent quelques excursions sur la côte voisine, où il ne leur fut pas difficile de découvrir le pic Peterman et le fiord François-Joseph. Au printemps, on reconnut que la Germania était hors de service. Il fallut plier bagage et revenir bredouille dans les ports allemands.

Depuis cette époque (printemps de 1871), on prépare un compte rendu des observations qui ont été faites, et à l'aide desquelles on espère consoler les souscripteurs de leur insuccès.

Mais, pendant que les Allemands se livraient à ce cabotage arctique, une expédition scandinave, dirigée par le célèbre professeur Nordenskiold, s'avançait au milieu des glaces du Groenland et révélait à la science des faits inestimables dont nous entretiendrons avec détails nos lecteurs. Nous chercherons également quelle influence les découvertes réelles du docteur Nordenskiold ont pu exercer sur le grand ouvrage que les Allemands publient en ce moment, et où les traces d'innombrables annexions frauduleuses ne seront certainement pas difficiles à retrouver.

À l'époque où la seconde expédition du docteur Peterman hivernait au Groenland, dans les conditions que nous avons indiquées, M. de Heugelin visitait l'archipel du Spitzberg et complétait des descriptions géographiques que les Suédois n'avaient fait qu'ébaucher en 1868. Quoique M. de Heugelin ne soit que Wurtembergeois, il imagina de mettre en pratique les habitudes de M. de Bismark. Apercevant du haut d'une montagne une île faisant partie du même archipel et déjà découverte par les Suédois en 1864, il imagina de la baptiser à son tour et de lui imposer un nom nouveau en l'honneur de son souverain. M. de Heugelin, ayant fait l'année suivante (1871) une excursion dans la Nouvelle-Zemble, vient de publier deux volumes intitulés : Voyages dans la mer Polaire, où il essaye entre autre chose de justifier son procédé tout à fait germanique. Nous ne saurions protester avec trop d'énergie contre le rapt commis au préjudice de nos alliés scientifiques. Nous nous acquitterons de ce devoir avec d'autant plus de soin que nous avons vu les rédacteurs anonymes du Journal officiel enregistrer presque avec éloge l'histoire de ces tentatives des Allemands.

M. Payer, officier d'état-major autrichien, qui avait pris part à la seconde expédition de Peterman, a contracté une noble ardeur pour les expéditions polaires, en même temps, paraît-il, qu'une vive défiance pour la route signalée par le grand géographe de Gotha. Depuis le retour piteux de la Germania, on a vu cet ardent officier prendre part aux deux expéditions polaires. La première, en 1871, entre le Spitzberg et la Nouvelle-Zemble, pour reconnaître la terre de Gillis, découvertes en 1707, mais qui, depuis lors, n'avait point été une seule fois visitée. La seconde expédition qui, commencée en 1872, dure encore, a pour but d'explorer l'océan Glacial, situé au nord de l'océan Boréal. En effet, M. Payer et M. Weyprecht, ont hiverné sur la Nouvelle-Zemble, pour se préparer à une expédition qui aura lieu le printemps prochain. Dans cette première partie du voyage, les explorateurs autrichiens ont trouvé les restes de l'hivernage des marins hollandais qui ont découvert la Nouvelle-Zemble, il y a deux siècle et demi. Les nouvelles apportés à Vienne il y a plusieurs mois par le comte Weltschech, chargé du ravitaillement, sont des plus favorables, et tout fait espérer qu'aucun sinistre ne viendra arrêter ces hardis explorateurs dans leur importantes excursions.

Mais les principales espérances du monde scientifique sont concentrées sur une expédition norvégienne qui a hiverné au Spitzberg, sous le commandement du professeur Nordenskiold, et dont les apologistes de l'empire allemand évitent soigneusement de parler.

N'ayant aucun des préjugés scientifiques qui ont paralysé tant d'efforts, le professeur Nordenskiold ne compte point sur un climat plus doux et sur une chimérique mer libre, mais il se repose sur son admirable expérience des régions polaires et sur l'intrépidité de ses marins.

Nous mettrons sous les yeux de nos lecteurs le résultat des nombreuses explorations scandinaves, qui ne sont inconnues en France que parce qu'on dédaigne des hommes libres, entreprenants, qui ont su conserver intacte leur vivace nationalité. La jalousie des Allemands arrive à les écraser jusque chez nous.

Quand même les destins se montreraient contraires à cette poignée de vrais savants marchant à la conquête d'un gigantesque inconnu, le résultat de leurs premières campagnes suffirait pour les immortaliser. Leurs travaux dans l'histoire des explorations célèbres comme un exemple de ce que peuvent faire des hommes intrépides quand ils sont attachés à une mission difficile, mais pour laquelle ils sont suffisamment préparés.

Mais nous aimons à croire que la Providence, qui a permis que notre héroïque Gustave Lambert fût frappé par des balles allemandes, s'apercevra enfin qu'elle nous doit quelque compensation. Puisse-t-elle favoriser ces nobles nations du Nord chez lesquelles notre pauvre France a toujours rencontré de si généreuses sympathies !

Si quelque chose peut, en effet, nous consoler de savoir que le drapeau tricolore ne flottera point sur le pôle du monde, c'est de n'avoir point à craindre d'y voir placer le drapeau allemand, ce sera surtout d'apprendre que Nordenskiold y arborera l'étendard de la nation qui s'enorgueillit des Hansteen, des Berzélius et des Linnœe.

Il y a bien des siècles que les Scandinaves, guidés par Erick le Rouge, ont trouvé la route du Groenland, et devancé de trois ou quatre siècles les caravelles de Christophe Colomb ! Qu'ils continuent à être les pionniers de la vieille Europe, marchand à travers les glaces polaires à la conquête de nouveaux continents !

W. DE FONVIELLE

NOTE

[1] L'étude de la planète Mars semble fournir un argument qui serait sans réplique contre les calculs de M. Plana. En effet, l'existence de la Mer libre s'appuie sur des considérations thermiques, basées sur l'obliquité de notre axe de rotation. La planète Mars offre une disposition analogue sans que la calotte de glace qui recouvre le voisinage du pôle se trouve interrompue d'une manière visible. Ce serait probablement le contraire si le climat s'adoucissait dans le voisinage du pôle de notre terre, comme le prétend le géomètre italien.

UN MIRACLE DE LA SCIENCE

Le 19 juin 1873, le Great-Eastern, escorté de trois ou quatre puissants steamers, quittait Valentia et mettait le cap vers l'Amérique.

Cette nouvelle expédition, dont nous retracerons toutes les péripéties, avait pour but la pose du câble jeté comme ses deux aînés de la verte Erin à la blanche Terre-Neuve, voie ouverte à l'éclair galvanique, cet admirable véhicule de la pensée moderne.

A peine si les journaux des grandes capitales ont daigné enregistrer la nouvelle qui, dix ans plus tôt, aurait tenu le monde civilisé en suspens.

Le navire géant a lassé notre curiosité par le nombre des fils conducteurs qu'il a semés au fond de tous les océans du monde. Nous sommes décidément blasés par ses victoires antérieures.

Un spectateur qui n'aurait point été prévenu ne se fût pas douté, du reste, que les marins qu'il avait devant lui suspendaient au bout d'un câble, gros comme le doigt, trente ou quarante millions de francs, une fortune pareille à celle que se partagent les plus opulentes familles princières.

Qu'un charlatan, ou que quelque halluciné annonce avoir été le témoin d'un fait douteux, obscur, paraissant contredire les lois naturelles de l'évidence et de la logique, la renommée n'aura point assez de ses cent bouches pour lui servir de trompettes ; on créera s'il est besoin de nouvelles feuilles spirites, pour nous tenir au courant de toutes ces sornettes ; mais après avoir accusé de présomption et de témérité les hommes intelligents et courageux qui ont pris l'initiative de ces grandes expéditions électriques, à une époque où les lumières de la science officielle les condamneraient ouvertement, nous ne nous apercevons point qu'ils exécutent sous nos yeux de véritables miracles. En effet, l'entreprise gigantesque à laquelle des électriciens expérimentés procèdent avec un calme si rassurant pour les actionnaires échouerait misérablement, si une seule des innombrables conditions nécessaires n'était point remplie de la façon la plus radicale, la plus complète, la plus brillante.

Ne faut-il point un premier miracle pour qu'un fil long de plusieurs millions de mètres n'offre pas le moindre défaut sérieux de conductibilité ? est-il raisonnable d'espérer que sans un hasard extraordinaire ce cylindre pourra se dérouler nuit et jour pendant un demi-mois peut-être, avec une vitesse constance de cinq nœuds à l'heure, sans que son écorce soit éraillée, sans qu'il éprouve une tension trop grande ? est-il dans l'ordre naturel des choses qu'il puisse se précipiter au milieu des gouffres océaniques sans se blesser en tombant trop lourdement sur des rochers ?

Mais aucune péripéties n'épouvante les poseurs de câbles. Ils comptent sur les qualités exceptionnelles du navire géant qu'ils ont appris à manier avec tant de dextérité. Que le ciel et l'eau se mêlent, que la foudre gronde autour de leur tête, ils ne feront aucun sacrifice aux dieux inconnus, car leur divinité, c'est l'Expérience. Le Great-Eastern saura toujours retrouver le bout du fil qu'il aura abandonné au caprice des éléments dans le moment où leur insurrection semble triompher de la boussole ou de la vapeur.

Toute ville assiégée est une ville prise, mais à condition que l'assaillant ne néglige aucune des précautions qu'exige l'art militaire.

L'histoire des poses télégraphiques, malgré quelques insuccès, quelques défaillances, nous prouve qu'il n'y a pas de siége scientifique qui ne doive réussir, à condition qu'on complète l'investissement. Le triomphe n'est plus qu'une affaire de temps, suivant les cas, d'années ou d'heures.

Ces miracles s'accomplissent au vu et au su du genre humain tout entier. Il ne tient qu'à nous de les imiter du moment que notre génie industriel sera, comme celui de nos voisins, une longue patience, doublée de beaucoup d'audace et de beaucoup d'or.

Ne négligeons donc aucune circonstance qui nous permette d'exciter la jalousie française et de montrer ces hauts faits de la grande armée du travail, dont la réorganisation permettrait de prendre de grandes et salutaires revanches. N'oublions pas que les câbles ont supprimé l'Océan si longtemps infranchissable, parce qu'ayant une idée juste en tête, ils sentaient qu'ils avaient, par cela même en main, tout ce qu'il faut pour forcer la nature, pour lui arracher son consentement à l'union des deux mondes, après quelques sommations respectueuses.

Les premiers audacieux qui ont ouvert la voie à la télégraphie océanique avaient foi dans le pouvoir de la science ; c'est cette foi éclairée par la raison, soutenue par l'expérience, qui leur a permis d'accomplir des hauts faits industriels, bien plus dignes d'exciter notre admiration que les plus brillantes fictions de la Fable !

W. DE FONVIELLE